U0184583

格罗皮乌斯
论新建筑与包豪斯

The New Architecture & The Bauhaus

[德]瓦尔特·格罗皮乌斯　著
Walter Gropius
王蕾　译

重庆大学出版社

推荐序

新建筑的理想比形式更重要

周至禹

纵向看来，任何建筑都是与当时的技术文明相适应的。20 世纪初期，当混凝土、玻璃、钢筋代替了砖石作为新的建筑材料时，也给建筑带来了新的可能性，而欧洲工业革命的完成使工业化生产必将进入未来的建筑领域。德国现代建筑师和建筑教育家、现代主义建筑学派的倡导人和奠基人之一的格罗皮乌斯敏锐地意识到这一点，从而将以新的规则和标准所创建的建筑称为“新建筑”。在他看来，“新建筑的外观形式在有机意义上与旧建筑有着根本的不同”，“是我们这个时代的知识、社会和技术条件的必然产物”。

格罗皮乌斯认为，新建筑是一座连接思想两极的桥梁，而不是仅仅把它归类于功能主义的实利追求，“让我们建造一幢将建筑、雕刻和绘画融为一体的、新的未来殿堂，并用千百万艺术工作者的双手将它矗立在高高的云端上，变成一种新信念的标志”。读这一段话，我们可以感受到格罗皮乌斯鲜明的理想主义色彩。格罗皮乌斯说，必须有一种崭新的设计观念来影响德国的建筑界，否则任何一个建筑师都无法实现他心中的理想。“任何一个有思想的人都感到有必要进行思想上的转变。每一个在其特定业务领域内的人，都渴望帮助弥合现实与理想主义之间的灾难性鸿沟。就在那时，我首次醒悟到我们这一代建筑师使命重大。”

这种表述显示出作为知识分子的格罗皮乌斯，意识到一种强烈的社会责任感。格罗皮乌斯曾致书魏玛大公，陈述他建立新型的艺术与工业相结合的教育体系的理想。这种理想在第一次世界大战后得以实现，即包豪斯学校的建立，使得新的设计教育成为可能。格罗皮乌斯于1919 年4 月写就了《包豪斯宣言》，在宣言中他盼望着“未来的新结构，这种新结构将像一种新信念的水晶那样，通过工人的手伸向天空”。而包豪斯的教师之一利奥尼·费宁格（Lyonel

Feininger）为《包豪斯宣言》所作的封面木刻《大教堂》——那高耸入云的哥特式建筑，表现主义的直线光芒四射，很好地象征了这种理想。

在当时百废待兴的德国，格罗皮乌斯的热情具有一种理想主义的色彩，一种知识分子的人文关怀，而包豪斯本身也被看作一种设计思想的“新建筑”，一个微型的乌托邦。格罗皮乌斯曾经说过，要把包豪斯建设成为知识分子的理想王国（大教堂）。在这里，大家通力合作，一起从事一场轰轰烈烈的社会改革。正因为如此，格罗皮乌斯广纳贤才，聘请了20 世纪最著名的杰出艺术家和设计师担任教师，大家“密切地合作在一起，但却能够独立地开展工作，以促进这项共同的事业”。

作为包豪斯的创立者和第一任校长，格罗皮乌斯与包豪斯的兴衰有着密切的关系。他亲自主持建筑系，建立起集教学、研究、生产于一体的现代教育体系，而格罗皮乌斯设计的包豪斯校舍被誉为现代建筑设计史上的里程碑。无论是教室、礼堂、饭堂、车间等，建筑的使用功能都实实在在，楼内的一间间房屋面向走廊，走廊面向阳光用玻璃环绕。简洁的几何形尽情体现了建筑结构和建筑材料本身质感的优美和力度，充满20 世纪建筑直线条的明朗和新材料的庄重。然而，这一切并非仅仅是一种现代形式和材料的体现，最终的营造，恰如格罗皮乌斯所说：为了创造和谐怡人的环境。

格罗皮乌斯所提倡的“新建筑”思想，本质上是追求一种创造力，是对科学技术的进步与民众生活需要的敏感反应，并将之赋予一种人文的理念，来充分体现20世纪人类日新月异的生活面貌。虽然，这种新建筑的建筑形式体现出一种几何的造型，但在第二次世界大战后的20 世纪七八十年代，由于社会生活的变迁对设计提出新的需求而显得过时，不过在近些年里，一些典型的包豪斯建筑被作为文化遗产保留了下来。例如，1996 年魏玛和德绍的包豪斯建筑被列入世界文化遗产名录，2004年教科文组织将以色列特拉维夫市中心的有4000多座包豪斯建筑的成片建筑列入名录。实际上，格罗皮乌斯自己也已经认识到：新建筑规范并不意味着千篇一律，而总是保留着足够的余地供个人去寻求自己个性化的表达。“最终的结果应该是最大程度的标准化与最大程度的多样化的完美结合。”

作为物质的建筑渐渐地陈旧了，而创新的思想永远地闪着光辉。格罗皮乌斯在1935年完成这本《新建筑与包豪斯》，历史性地总结了自己的建筑理念，做过哈佛教授的他继续在美国广泛传播包豪斯的教育观念、教学方法和现代主义建筑学派理论，也促进了美国现代建筑的发展。格罗皮乌斯所希望的“包豪斯”（在这里，它代表的是一种理念）是能够不断设计未来，这一点在现在逐渐显现出来。格罗皮乌斯说：“所有不同的‘艺术’门类（每种艺术都有不同的表现形式和趋势）——设计的每一个分支，每一种技术的形式——都可以协调起来，并找到它们的指定位置。”而这一点，也应该是在美术学院背景下进行设计教育的核心理念。

格罗皮乌斯说：“现代建筑的意义应该完全来自其有机比例所焕发的活力和结果。”这句话十分明确地揭示了建筑的本质，设计需要来自现代技术的支撑。现代结构技术在建筑中的表现，使得新的空间想象力成为可能，因此，设计师必须具备对空间的驾驭能力，需要重新用逻辑推理的方式对待建筑设计，从而在其中一种预先规定的限制中自由地进行设计。而这些基本原则和理念在当代同样是有效的。

格罗皮乌斯的这本著作，具体地谈到了新建筑的种种技术特点，但是，在这些具体之上，他有着更为形而上的理念追求。格罗皮乌斯指出，现代建筑材料给新建筑提供了种种可能，而标准化形成了城市的

"协调和肃静效果"。我注意到格罗皮乌斯的这些字眼，说明规范的形式及其真正的内涵，乃在于塑造城市的生活氛围，满足人在精神上的审美需求，与物质方面的需求同等重要。就如同格罗皮乌斯强调的：包豪斯的目标并非宣传任何形式的风格、体系、教条、程式或时尚，而只为努力使设计焕发活力。"为社区中收入最低的那部分人提供栖息之所；为中产阶级的家庭提供基本设施齐全的独立单元；以及每一幢建筑在逻辑上应该采用什么什么样的结构形式。"我们由此感受到，格罗皮乌斯的建筑理念具有强烈的人道主义思想。

我们也看到，格罗皮乌斯所处的时代，正值手工艺与工业化生产交替的时期，因此，他在书里强调了手工艺与工业技术结合的可能性和必要性，也指出标准化——一种无个性的规范，在工业化生产中扮演着极为重要的角色。"建筑部件的统一将产生有益的效果，并将这种同质性赋予我们的城市，这是优秀城市文化高度发达的显著标志。"同时，格罗皮乌斯也认识到："标准化并不是文明发展的一种阻碍，反而是迫切需要的一个先决条件。"他还强调了靠对产品内涵的赋予来避免使人类受到机器的奴役，要求学生必须对有机生产过程形成有脉络的把握。

关于包豪斯创办之初的教学方向，格罗皮乌斯也在书中指出了艺术的变化以及与设计的关系，认为艺术的审美可以通过提高产品外观及工艺之美增加其附加值，并因此在教学方面提出纲领性认识——未来艺术人才的培养必须明确地要求与设计规范方面的完整理论教学相结合，全程在工厂进行实用技能的基础训练，使得艺术和设计相互滋养，并且创造出更多“有美感的设计”。而“艺术化的设计既不是某种知识也不是某种物质材料的事，而仅仅是生活要素的组成部分”。

格罗皮乌斯具有明显的人文立场，他既反对为艺术而艺术，也反对为商业而商业，主张把一切艺术与生活之间的关系看成是基本统一的，从而较早地意识到生活通过设计审美化的这一命题。书中提到的一些问题，在当下仍然具有现实意义：例如工业与农业相互关系的再调整，依据合理的经济与地缘政治原则重新分布人口；通过市区与郊区的换位来逐步疏散城市密集交织的街道，并使居住区和工作区以及教育和休闲中心形成一个更加有机的结合体，从而实现城市规划的重新定位；最理想的住宅形式；等等。而这些问题在当代语境下反而随着城市的迅速扩大愈加突出起来。就此点而言，格罗皮乌斯在当时的观点颇有远见且影响至今。

是为序。

序

弗兰克·皮克（Frank Pick）

格罗皮乌斯博士请我为本书写序，其实没有这个必要。本书是一种呼吁，请求人们重新思考所有使用现有材料和现有工具的建筑问题，这些工具已经被加工成了机器。本书提出过去对木材、砖和石头做了什么，现在就应该对钢铁、混凝土和玻璃做什么。它声称，只有通过这种新思想的输入，才能修建一个真正的建筑。更让我感兴趣的是，它继而观察到，适用于建筑的东西也同样适用于那些与日常生活有关的设计领域。

这样的呼吁来得正是时候，因为更多的人正在关注这些问题。这一代人越来越意识到艺术不是一种独立和好奇的东西，而是一种对充实生活至关重要和必不可少的东西，一种能够恢复社会优雅和秩序的东西。这是一个期待艺术复兴的短暂时期，每年的征兆都会越来越多，越来越明显。在我有生之年，我希望能享受某种程度的实现。格罗皮乌斯博士是这场运动的先驱者。他通过包豪斯为实现这一目标做出了决定性的贡献。这个国家（德国）在这个过渡时期能够接纳他，并得到他的指导，这可能算是幸运的。它甚至可能寻求利用他的知识和能力来加速必须发生的变化，不仅在建筑上，还在更广泛的建筑和艺术教学中。

格罗皮乌斯博士正确地指出了“新建筑”是从刻板和规整开始的，并寻求规范或标准。这是对复制和风格同化的回应，那些风格在现代建筑中已不具意义。现在，这种回应几乎已经消失了，新建筑正在从消极阶段过渡到积极阶段，它不仅试图通过省略或抛弃的东西来说话，而且更多的是通过它的构思和发明来说话。个人的想象和幻想将越来越多地掌握新建筑的技术、空间协调性和功能性，并将其作为新的美的基础，或更确切地说是框架，为这一预期的复兴锦上添花。如果建筑师的反应过于偏向工程师，他会在反作用中再次转向艺术家。进步源于这种波浪式的运动。创新精神不断复苏。潮水无情地涨过破碎和退去的波浪。最重要的是涨潮。

让我再次从建筑学的角度出发，提出一些与事物相关的相应的艺术或科学，或两者的结合。如果事物要被正确地构思和执行，并吸引自身的审美品质，那么这已经超出现在的技术和工艺学校的训练，必须推出一些适用于学校教育的训练方法和理解，这些训练和理解将为新建筑的建设做些什么。我希望格罗皮乌斯博士在他关于这个主题的书中提出一些提示和建议。目前，这是一项重要的研究。我曾一度认为建筑师可能把他们的培训范围限制得太窄，只局限在与建筑相关的领域，尤其是当我看到他们涉足家具、装饰、陶器等其他设计领域时。但我现在明白我是不对的。工业设计师必须与建筑师并肩作战，虽然专业方向不同，但必须具有相同的训练，并且具有同等的地位和权威。格罗皮乌斯博士必须帮助定义这一训练并探索其方法，再次重启包豪斯以建筑为主导的实验，但也要有一种新建筑，这种新建筑产生于对工业设计的集体理解。

目录

新建筑与包豪斯

新建筑的真正本质和意义能否用文字来传达？如果我试图回答这个问题，必须通过分析我自己的工作，分析我自己的想法和发现。因此，我希望简要叙述我作为建筑师的个人发展，使读者能够自己辨别新建筑的基本特征。

对过去的突破使我们能够设想与我们所处时代的技术文明相对应的建筑新面貌，不合时宜的样式和形态已被破坏，我们正在回归思想和感情的真诚。以前对与建筑相关的一切都漠不关心的公众，现在已经摆脱了麻木的状态；日常生活中个人对建筑的兴趣，已经被广泛地激发出来；其未来发展的大致思路已经清晰可见。现在人们普遍认识到，尽管新建筑的外观形式在有机意义上与旧建筑有着根本的不同，但它们并不是一小撮渴望不惜一切代价进行创新的建筑师的个人奇想，而是我们时代的知识、社会和技术条件的必然逻辑产物。在它们最终出现之前，经过了四分之一个世纪的认真而艰难的斗争。

但新建筑在其发展的初期就遇到了严重的障碍。建筑师所阐述的相互冲突的理论和个人宣言都混淆了主要问题。战后普遍的经济衰退加剧了技术上的困难。最糟糕的是，“现代”建筑在一些国家流行起来；结果是形式主义的模仿和虚张声势扭曲了艺术复兴赖以生存的真理和简洁。

这就是为什么这场运动要想摆脱物质主义的束缚，摆脱剽窃或误解激发的虚假口号，就必须从内部加以净化。诸如“功能主义”（die neue Sachlicheit）和“适合目的=美丽”之类的流行短语已经产生了将新建筑的欣赏转化为外部渠道或使其片面化的效果。这反映了对新建筑创建人的真正动机的普遍无知，这种无知促使肤浅的头脑没有意识到新建筑是连接思想两极的桥梁，而把它归入一个单一的设计领域。

例如，许多人认为合理化是它的基本原则，但它

图1　位于阿尔菲尔德的工厂（与阿道夫·迈耶合作），1911年。

实际上只是新建筑的一种净化剂，它把建筑从装饰的旋涡中解放出来。对结构功能的强调，以及对简洁和经济的解决方案的关注，代表了新建筑的真实价值所依赖的正规过程的纯物质方面。另一种是人类灵魂的审美满足，它与物质方面一样重要，两者都能在生命本身的统一中找到它们对应的东西。比这种结构经济及其功能强调更重要的是智力成就，它使新的空间视野成为可能。因为建筑物仅仅是方法和材料的问题，而建筑则意味着对空间的掌握。

在上个世纪，从手工生产向机器生产的过渡让人类如此关注，以至于我们没有急于解决这种前所未有的转变所带来的新的设计问题，而仍然满足于从古代借鉴风格，并在装饰中延续历史原型。

这种情况终于结束了。一种基于现实的新建筑概念已经出现，随之而来的是一种新的空间概念。这些变化，以及我们无法直接获得的优越的技术，都体现在众多新建筑实例截然不同的外观中。

想想看，现代技术为建筑复兴的这一决定性阶段及其快速发展做出的贡献！

我们的新技术进一步将实心砌体分解为修长的桥墩，从而在体积、空间、重量和运输方面产生了深远的经济效益。新型合成材料——钢、混凝土、玻

图2　科隆万国工博会行政大楼的入口正面（与阿道夫·迈耶合作），1914年。

璃——正在积极取代传统的建筑原材料。它们的硬度和分子密度使人们能够建造跨度宽、几乎透明的建筑，而以前的技术显然不足以建造此类建筑。结构体积的巨大节省本身就是一场建筑革命。

新建筑技术的突出成就之一是取消了墙的分隔功能。我们新的、节省空间的建筑将结构的全部荷载转移到钢或混凝土框架上，而不是像砖房那样将墙作为支撑元素。因此，墙壁的作用仅类似于在这个框架的立柱之间伸展的屏风，以阻挡外界的雨水、寒冷和噪声。为了进一步减轻重量和体积，这些非承重且现在仅用于分隔的墙由轻质浮石混凝土、煤渣或其他可靠的合成材料制成，采用空心砌块或薄板的形式。钢和混凝土技术的系统改进，以及对其抗拉和抗压强度的精确计算，正在稳步减小支撑构件所占的面积。反过来，这自然会导致墙壁表面逐渐变得更大胆（即更宽），从而使房间照明更好。这是唯一合乎逻辑的说法，旧式的窗户——必须从承重墙上挖空的洞——越来越多地让位给由薄钢竖框划分的连续水平窗，这是新建筑的特点。作为空隙超过固体的直接结果，玻璃在结构上的重要性越来越大。它明净透亮的虚无性，以及它像空气一样在墙与墙之间飘浮的方式，为我们的现代家庭增添了欢乐的气息。

图3　科隆万国工博会行政大楼的后视图（与阿道夫·迈耶合作），1914年。

同样，平屋顶也在用瓦片或板条山墙取代旧的斜屋顶。因为它的优点是显而易见的：（1）顶楼房间变得明亮，而不再是狭小的阁楼，以前的天窗和倾斜的天花板使房间变暗，角落几乎无法使用；（2）避免木椽，这常常是火灾的原因；（3）有将房屋顶部用作日光长廊、露天体育馆或儿童游乐场的可能性；（4）为后续增建提供更简单的结构，无论是作为额外的楼层还是作为新的配楼；（5）消除易受风和天气影响的不必要表面，从而减少维修需求；（6）隐藏经常被侵蚀的悬挂排水沟、外部雨水管等。随着航空运输的发展，建筑师将不得不同时关注房子的鸟瞰视角和它们的海拔高度。利用平屋顶作为“场地”为我们提供了一种重新适应大城镇砖石丛林的方法；对于被占用来建造房屋的土地而言，可以在屋顶得到补偿。从天空俯瞰，未来城市树叶繁茂的屋顶将像一串无尽的空中花园。平屋顶的主要优点还在于它使得室内规划更加自由。

标准化

所有国民经济的基本推动力来源于通过改进生产组织，以较少的成本和劳动力满足社会需求的愿望。这逐步导致了机械化、专业化分工和合理化。工业发展中看似不可改变的步骤，与对其他有组织的生产行业一样，对建筑也有同样的影响。如果机械化本身就是一个目的，那将是一场无法缓解的灾难，通过把男人和女人变成亚人类的机器人，剥夺生活一半的充实和多样性。（在这里，我们触及了旧的手工艺文明对新的机器世界秩序顽强抵抗的更深层次的因果关系。）但最后，机械化只能有一个目的：将个人从维持生存

图4　耶拿市立剧院（重建）（与阿道夫·迈耶合作），1922年。

的体力劳动中解放出来，以便手和脑可以自由地从事更高层次的活动。

我们的时代已经向着基于人工生产和机械生产相结合的工业合理化迈进，我们称之为标准化，这已经对建筑产生了直接影响。毫无疑问，住宅标准化的系统应用将对经济产生巨大的影响，事实上，大到目前无法估计其程度。

标准化不是文明发展的障碍，相反，它是一个直接的先决条件。标准可以被定义为任何通用事物的简化、实用范例，它体现了其之前各种形式的最佳融合——在融合之前，消除了设计者的个人内容和所有其他单一或非本质特征。这样一个非个人的标准被称为“规范”，这个词源于木匠的曲尺。

人们担心标准化的“暴政”会摧毁个性，这是一种经不起任何审视的笑话。在所有伟大的历史时期，标准的存在，即有意识地采用某种类型化的形式，一直是一个安定文明社会的标准。同样地，为了相同的目的重复做相同的事情，会对人们的思想产生安定和教化的影响。这是司空见惯的事。

作为街道这一较大单元的基本细胞单元，住宅代表了一个典型的群体有机体。因此，街道构成城市这个更大单元的细胞的统一性需要得到表达。它们大小

图5　包豪斯的典型产品被德国制造商采用并作为大规模生产的模型，也影响了国外工业设计（1922—1925）。
a. 金属灯的模型；b. 玻璃、金属和木质书桌；
c. 由O. 林迪希（O.Lindig）设计的瓷器；
d. 为魏玛的号角屋（Haus am Horn（设计的厨房设备；
e. 奥蒂·伯杰（Otti Berger）设计的纺织品；
f. 马塞尔·布劳耶（Marcel Breuer）设计的钢管家具的第一个模型。

a.
b.
c.
d.
e.
f.

的多样性提供了必要的一点点变化，反过来又促进了不同类型之间的自然竞争，并肩发展。过去最受推崇的城市就是确凿的证据，重申“典型”（即特定的）建筑可以显著提高公民的尊严和一致性。作为一个比任何单一方案还要成熟的最终样本，一个公认的标准往往可以成为整个时期共同奉行的准则。建筑部件的统一将产生有益的效果，并将这种同质性赋予我们的城市，这是优秀城市文化高度发达的显著标志。对一些标准类型的建筑进行谨慎的多样性限制，可以提高其质量并降低其成本，从而提高了整个人口的生活水平。对传统的适当尊重，将在这些方面找到比各种武断或冷淡的个人主义的解决方案更真实的回应，因为前者更大的公共效用体现了更深的建筑意义。发挥前所未有的工业潜力的前提，就是在标准类型中专注于最主要的特性，这意味着大规模的基建投资只有通过大批量的生产才更为合理。

合理化

迄今为止，建筑业基本上是一种手工行业，目前已经在向有组织的行业转型。过去在脚手架上做的很多工作，现在在远离现场的工厂里进行。建筑施工的季节性特点导致雇主和雇员的流动。这对社会影响很大。现在这种状况将得到克服，全年持续活动将很快成为惯例，而不是例外。

正如现在的制造材料在精度和规整程度方面优于天然材料一样，现代房屋建筑实践越来越接近制造工序的流水作业。我们正在接近一种技术熟练的状态，届时将有可能通过将建筑结构分解为若干组件，使建

019

筑合理化地建造并在工厂大规模生产。就像一盒盒的玩具砖一样，它们将在干燥状态下以各种形式组合在一起：这意味着建筑不再依赖于天气。实心防火结构房屋可以现货供应，最终将成为工业的主要产品之一。然而，在可行之前，必须对房屋地板、梁、墙板、窗户、门、楼梯和配件的每个部分进行规范。重复使用标准化部件，在不同的建筑中使用相同的材料，将对我们的城镇产生协调和肃静的效果，就像在社会生活中统一现代服装的标码一样。但这绝不会限制建筑师的设计自由。虽然每栋房子和每栋公寓楼都会给人留下我们这个时代的深刻印记，但正如我们穿的衣服一样，人们总是有足够的空间来表达自己的个性。最终结果应该是最大程度的标准化和最大程度的多样性的完美结合。自1910年以来，我在许多文章和讲座中一直主张预制房屋；除此之外，我还结合重要的工业问题，在这一研究领域进行了大量的实际操作。

干法装配具有最佳前景，因为（仅利用其优点之一）以液体形式或者其他形式存在的水分是砖石或砖结构（砂浆接缝）实现节约的主要障碍。湿气是导致旧建造方法出现众多缺点的主要原因。它会导致接缝不严、翘曲、污渍或其他无法预见的问题，干燥延迟还会造成严重的时间和金钱损失。通过消除这一因素，就能确保所有部件的完美连接；预制房屋还可以保证稳定的价格和施工期。此外，使用可靠的现代材料可以提高建筑物的稳定性和隔热性，减轻重量和体积。一栋预制房屋的墙壁、地板、屋顶、配件等可以在工厂被装上几辆卡车，然后运到现场。无论在一年中的哪个季节，都可以很快组装起来。

合理化建造的显著附带优势是优越的经济效应和提高的生活水平。许多今天被视为奢侈品的东西将成为明天普通家庭的标准装修。

技术就这么多了！——但是美丽呢？

新建筑像墙面的窗帘一样被打开了，吸入了充足的新鲜空气和阳光。它没有把巨大的地基沉重地固定在地下，而是轻轻地固定在地面上；躯体本身，不再是风格模仿或华而不实的装饰，而是那些造型简洁、边界清晰的设计，每一个部分都自然地融入整体中。因此，它的审美同样满足我们的物质和精神需求。

除非我们选择把满足这些条件——空间的和谐、休息、比例——作为一种更高层次的理想，否则建筑就不能局限于实现其结构功能。

我们已经受够了随意复制历史风格之苦。在我们从单纯的建筑变化无常向结构逻辑的要求前进的过程中，我们学会了以清晰和简洁的形式寻求我们这个时

BAUHAUS

图6　包豪斯校舍，德绍，1925年。

代生活的具体表达。

在简要回顾了新建筑已经取得的成就，并概述了其在不久的将来可能的发展历程之后，我将回到我自己在其起源中的角色。1908年，当我完成了初步训练，并开始了追随彼得·贝伦斯（Peter Behrens）的建筑师生涯时，建筑和建筑教育的流行概念仍完全由古典“秩序”的学术风格所主导。贝伦斯首先向我介绍了处理建筑问题时的逻辑和系统协调。在我积极参与他当时参与的重要计划，并经常与他和其他德意志制造联盟的重要成员进行讨论的过程中，我的观点开始具体化，即建筑的本质应该是什么。我一直坚信，现代建筑技术在建筑中的表现是不可否认的，而这种表现方式阻碍了前所未有的形式的表现。尽管贝伦斯精湛的教学激发了我的活力，但我无法控制自己想要独立尝试的想法。在1910年，我开始独立执业。不久之后，我被委托与已故的阿道夫·迈耶一起设计位于阿尔菲尔德-安德-莱因的费格斯鞋厂（图1）。这家工厂，以及1914年的科隆制造联盟委托给我的建筑设计（图2和图3），清楚地表明了我后期作品的基本特征。

在战争结束后，我充分意识到我有责任根据自己的思考提出各种想法，这些理论前提在战争中已初步成形。在那次猛烈的干扰之后，我和大多数建筑师同

图7　包豪斯学院工作坊的一个角落。

事一样，连续四年没有工作，任何一个有思想的人都感到有必要进行思想上的转变。每一个在其特定业务领域内的人都渴望帮助弥合现实与理想主义之间的灾难性鸿沟。就在那时，我首次醒悟到我们这一代建筑师使命重大。我认识到，如果一个建筑师不能对本国的工业产生足够的影响，从而产生一种新的设计流派，他就不能指望实现自己的想法；除非那个学派成功地获得权威意义。我还看到，要使这一切成为可能，就需要一大批合作者和助手：这些人不会像一个管弦乐队那样自动地服从指挥棒，而是独立但密切地合作，为推动共同的事业而共同努力。

图8　包豪斯学院学生宿舍和工作室大楼。

包豪斯

所有设计分支的基本统一的理念是我最初创建包豪斯的灵感之源。战争期间，我被萨克森-魏玛-艾森纳赫的大公召见，讨论我从杰出的比利时建筑师亨利·凡·德·维尔德那里接管魏玛工艺美术学校的事宜，亨利·凡·德·维尔德曾建议我做他的继任者。1919年春，在申请并获得重组的全权后，我接管了魏玛美术学院，同时也接管了魏玛工艺美术学校。作为实现更广泛计划的第一步，我的主要目的是训练个人的天赋，使其能够把生命作为一个整体，一个单一的宇宙实体。这应该成为整个学校的教学基础，而不是仅仅在一个或两个任意的“专业”课程上——我把两所学校合并成为一所高等设计学院，即Das Staatliche Bauhaus Weimar（魏玛国立包豪斯学院）。

在实施这个方案时，我试图解决将富有想象力的设计与技术熟练程度相结合的棘手问题。这意味着找到一种新的、迄今为止还不存在的合作者，他们可以被塑造成在这两方面都同样精通。为了防止旧的业余手工艺精神再次出现，我让每个学生（包括建筑专业的学生）完成所有的法定学徒期，并获得在当地行业委员会正式注册的证书。我坚持手工实训，不是出于手工实训本身的目的，也不是为了通过实际生产手工艺品来把它变成偶然的结果，而是为了提供良好的手和眼的全面训练，这是掌握工业生产过程的第一步。

包豪斯的工坊实际上是为现代物品创造实用的新设计和改进大规模生产模型的实验室。要创建满足所有技术、美学和商业需求的产品形式，需要挑选合适的员工。这要求一批具有广泛文化背景的人，他们精通实践操作和机械方面，也精通设计的理论和形式法则。虽然这些产品原型的大部分都是手工制作的，但它们的建造者必须非常熟悉工厂的生产和装配方法，这些方法与手工制作的做法有着根本的不同。正是由于每种不同类型的机器的特殊性，其生产的产品都被

赋予了“保真印记”和“独特的美”。机械对手工制品的盲目模仿无疑带有临时替代品的标志。包豪斯代表了一个学派，该学派认为工业和手工艺品之间的差异与其说是由于各自所用工具的性质不同，还不如说是由于一方使用劳动分工而另一方由个体劳动者把握整个生产过程。手工艺和工业可能被视为逐渐走向对方的两极。前者已经开始改变其传统性质。未来，手工艺将主要体现在为大批量生产提供实验性的新款筹备阶段。

当然，总是会有有才华的工匠，他们可以做出独特的设计，并为它们找到市场。然而，包豪斯刻意将注意力主要集中在当前最紧迫的工作上：通过赋予产品现实和意义，避免人类被机器奴役，从而将家庭从机械的无序状态中拯救出来。这意味着得专门为大规模生产设计产品。我们的目标是消除机器带来的每一个缺点，而不牺牲它的任何一个真正的优点。我们的目标是实现卓越的标准，而不是创造短暂的新奇。

当包豪斯成立四周年的时候，其组织工作已经正常运转，已经可以回顾它在德国和国外引起广泛关注的初期成果了。就在那时，我决定发表文章阐述我的观点。根据经验，这一切虽然发展得很快，但并没有发生任何实质性变化。以下几页摘自这篇文章，该文章于1923年发表，标题为《包豪斯的概念与实现》(*The Conception and Realization of The Bauhaus*)。

建筑的艺术取决于一群积极合作者的协调合作，他们如同管弦乐队般的合作我们称为社会的合作有机体。因此，一般意义上的建筑和设计是整个国家最关心的问题。有一种广泛流传的异端邪说，认为艺术只是一种无用的奢侈品。这是我们这一代人的严重遗留问题之一，他们武断地把某些学科的分支凌驾于其他学科之上，称为“美术”，并因此剥夺了它们的基本特性和共有的生命。为艺术而艺术（L'Amour Pour L'Amour）的心态及其选择的途径的典型体现是“学院”。学院剥夺了手工业和工业向艺术家提供信息服务的机会，榨干了它们的活力，使艺术家与社会完全隔绝。艺术不是那种可以传授给别人的东西。一个设计是技巧的产物还是创作冲动的产物，取决于个人的倾向性。虽然，我们所谓的艺术不能被教授或学习，但对其原理的全面了解和传授却可以。对于天才艺术家和普通工匠来说，这两者都是必要的。

事实上，这些学院培养的是注定要被饿死的“艺术无产阶级”。由于对天才的奖励抱有虚假的希望，他们很快就被培养成了建筑师、画家、雕刻家等“职

图9　格罗皮乌斯教授在德绍的房子，1925年。

业”阶层，但没有经过必要的培训使其具备独立的艺术意志，并使其能够在生存斗争中站稳脚跟。因此，他们所获得的这些技能来自业余工作室培养，这些技能对技术进步和商业需求等现实一无所知。学院令人困扰的缺点是，它们沉迷于这种罕见的“生物”运动，即它们是居高临下的天才；它们忘记了自己的工作是教数以百计的小天才绘画，而这些小天才中只有千分之一具备真正的建筑师或画家的素质。在绝大多数情况下，这种毫无希望的片面教学迫使学生终身从事纯粹无用艺术的实践。如果这些不幸的人接受了正确的实践训练，他们本可以成为有用的社会成员。

学院的兴盛说明了人民生活中自发的传统艺术的逐渐衰落，剩下的只是一种与日常生活完全不同的“沙龙艺术”，到了19世纪中叶，这种艺术已逐渐淡出人们的个人艺术修养。就在那时，抗争开始了。罗斯金和莫里斯努力寻找一种方法，使艺术世界与劳动世界重新统一。在20世纪末，凡·德·维尔德、奥尔布里奇（Olbrich）、贝伦斯和其他欧洲大陆人士紧随其后。这场运动始于达姆施塔特的“艺术家聚落”的建立，最终在慕尼黑成立了德意志制造联盟，这使得德国主要城镇都建立了实用的工艺美术学校。这些活动旨在为新生代艺术家提供手工艺和工业方面的实用技

图10　为包豪斯的工作人员设计的一组双拼别墅，1925年。

能培训。但学术精神根深蒂固，以至于这种“实用技能培训”也不过是浅尝辄止，设计和“构图”在他们的课程中仍然占有重要地位。第一次试图摆脱过去那种“为艺术而艺术”的态度的尝试失败了，因为他们没有组织起广泛的战线，也没有深入到触及这种弊端的根源。

尽管如此，商业，尤其是工业，开始关注艺术家。他们怀着雄心壮志，期望通过产品外观和工艺之美来增加附加值：技术人员无法提供。因此，制造商购买了“有美感的设计”。但这些辅助性的设计稿完全没法用，这些艺术家是“远离世界”的人，他们既不现实，也不熟悉技术要求，无法将他的形式概念融入制造过程中。另外，商人和技术人员缺乏足够的远见，无法认识到他们所希望的形式、效率和经济性的结合只能通过将一位负责任的艺术家的辛勤合作纳入生产常规的一部分来实现。由于填补这一空白的设计师并不存在，未来艺术人才的培养显然需要在工厂里有全面的实践基础，并在设计法方面有良好的理论指导。

因此，包豪斯的建立就是为了实现一种现代建筑艺术，这与人性一样，应该在其范围内具有包容性。在这个联合体内，所有不同的“艺术”（每种艺术都有不同的表现形式和趋势）——设计的每一个分支，每一

图11　西门子聚落城（Siemensstadt Siedlung）的一栋两间半房间的公寓，柏林，1929年。

种技术的形式——都可以协调起来，并找到它们的指定位置。因此，我们的最终目标是综合且不可分割的艺术作品，即伟大的建筑，其中纪念性和装饰性元素之间的古老分隔线将永远消失。一个设计师的作品质量取决于他各方面能力的适当平衡。只培训其中的一个或另一个是不够的，因为所有方面都需要发展。这就是为什么在设计中同时给予手工和脑力指导的原因。

实际课程包括：

（1）基础知识：石材、木材、金属、黏土、玻璃、颜料、纺织机操作的实践指导；辅以材料和工具使用方面的课程，以及记账、成本核算和标书拟定方面的基础知识；以及

（2）以下各方面的正式课程：

①形态：自然研究、材料研究。

②表现：平面几何研究、建筑研究、绘图技巧、模型制作。

③设计：体量研究、色彩研究、创作研究。

此处还需辅以关于艺术（古代和现代）和科学（包括基础生物学和社会学）所有分支的讲座。

整个课程包括三个阶段：

(1) 为期六个月的预备课程，包括设计基础和为初学者设计的工坊进行的材料实验。

(2) 技术课程（辅以更高级的设计课程），作为受合同约束的学徒参加其中一个工坊。这一课程为期三年。最终，学生（如果足够熟练的话）将从本地贸易委员会或包豪斯获得熟练工证书。

(3) 针对特别有前途的学生的结构课程。其持续时间因个人的情况和才能而异。这包括在实际建筑工地上从事体力工作和在包豪斯研究部进行理论培训，从而增强学生对已修过的实践课程和专业课程的理解。在结构课程结束时，学生（如果足够熟练）从本地贸易委员会或包豪斯获得建筑师文凭。

预备课程

申请人根据他们的能力来选择。这些能力是根据他们被要求提交的样本来判断的。这种选择方法显然容易出错，因为没有已知的人体测量系统能够衡量一个人不断变化发展的能力。

学生的学习从六个月的预备课程开始，这门课程涵盖了包豪斯学院的全部教学内容。实践和正式课程并行教授，以培养学生的创造力，使他能够掌握材料的物理性质和设计的基本规律。教学仅限于观察和表现（目的是灌输形式和内容的理想一致性）；刻意避免与任何类型的“风格”联系在一起[1]。第一项任务是

1 该课程基于1918年约翰尼斯·伊顿在维也纳首次提出的教学方法，随后他将其纳入包豪斯学院课程。我们的预备课程仍在进一步发展，由莫霍利-纳吉教授和约瑟夫·阿尔伯斯（Josef Albers）教授主领。[参见慕尼黑Albert Langen出版的莫霍利-纳吉教授的《新视觉：从材料到建筑》（*Von Material zu Architektur*）。]

图12 西门子聚落城的三座半房间公寓，柏林，1929年。

将学生的个性从陈规的重压中解放出来，让他获得个人经验和自学知识，这是认识我们创造力自然局限性的唯一途径。这就是为什么集体工作在现阶段被认为不重要的原因。主客观观察、具象和抽象设计的规律，都被反复教授。即使是普通的教学也可以在这些方面起到强有力的促进作用。

预备课程的目的是帮助我们对学生的表达能力有一个公正的评价，这种表达能力显然有很大的差异。这段时间内做的所有工作自然都受到了老师的影响。其重要性在于，基本的自我表达能力得到了系统的发展，这种自我表达能力是一切“创造性”艺术的基础。学生是否获准参加某个工坊取决于他的个人能力和作品质量。

实践课程和正式课程

最好的实践课程就是采用旧式的师傅带免费学徒的方式，这种方式没有任何学院气息。那些老工匠们拥有同样实用经验和专业技术。但由于志愿学徒制已不复存在，因此不可能恢复。我们所能替代的是一种综合方法，通过将一流技术人员的教学与优秀艺术家的教学相结合，同时对学生产生实践和理论的影响。这种双轨教育将使下一代实现各种形式创造性工作的重新结合，使其成为新文化的缔造者。这就是为什么我们在包豪斯制定了一条规则：要求每个学生或学徒都必须由两位互相密切合作的大师来教授；任何学生或学徒都必须参加这两个课程。实践课程是我们为集中训练而准备的最重要的部分，也是抵制华而不实的艺术家做派的最有效的方法。

我们相信机器是我们的现代设计的一种工具，我们试图与它达成协议。但是，如果把天赋异禀的学生不经过任何手工艺训练就交给工业，寄希望于以此来恢复艺术家和劳动世界之间“失去的共鸣”，那将是疯狂的。这种理想主义只会导致他们被现代工厂狭隘的唯物主义和片面的观点所压倒。由于手工技艺把整个制造过程集中在同一个人的手中，因此它可以使人更能展示他们的智力水平，从而也能为学生提供更好的实践训练。然而，不能像机器那样放弃分工。事实上，如果机械的传播破坏了一个国家生产的旧的基本统一性，那么原因既不在于机器，也不在于其功能不同的制造过程的工序，而在于我们这个时代主要的实利主义思想，以及个人对社会的不完善和不真实的表达。包豪斯绝不是一所工艺美术学校，不能只是因为有意恢复手工艺的某种方式，就武断地认为开了历史倒车。现在，和以往一样，人类继续改进工具，以节省越来越多的体力劳动，并相应地增加休闲时间。

实践课程旨在让学生为标准化工作做好准备。从最简单的工具和方法开始，学生将逐渐获得对更复杂工具和方法的必要理解和技能，并最终拥有运用机器设备的能力。但在任何阶段，他都不能像工厂工人那样仅限于理解局部工序，失去有机生产过程的整体把控。包豪斯各个工坊与工业企业之间保持着密切的关系，并建立了互惠互利的合作关系[1]。通过之后的学习，学生掌握了较高程度的技术知识，也得到了艰苦的历练，即商业上坚持充分利用时间和设备是现代设计师必须考虑的事情。对严酷现实的尊重是从事共同任务的工作者之间最牢固的纽带之一，这种尊重迅速驱散了学院朦胧的唯美主义。

经过三年的实践训练，这位学徒必须先完成自己的设计，然后再由一组技艺高超的教师和技师组成小组审核，以获得“熟练工证书”。任何持有该证书的学生都可以参加包豪斯学徒考试，该考试要求的熟练程度（尤其是在个人设计能力方面）要比熟练工的证书高得多。

因此，我们学生的知识教育与他们的实践训练齐头并进。他们没有接受武断和主观的设计理念，而是对形式和色彩的基本规律以及每种元素的基本条件进行了客观的学习，这使他们能够获得必要的素质，从而使自己的创作得到切实的塑造。只有那些被教导如

1　根据与某些制造公司达成的协议，我们最成熟、最有前途的学徒将被派往工厂进行短期工作，这些工厂的产品与包豪斯的工坊教授的工业设计的特定分支相一致。在那里，他们研究了当前的工业生产方法、制造工艺、成本核算以及改进现有模型和引入新模型的可能性。他们通过这种方式获得的特殊知识使他们能够在返回后被分配到我们的研究站。在研究站，他们会在原教师的指导下开发出新的模型，以满足他们被派往的公司的特殊技术要求。他们还可以利用这些公司的机器生产自己设计的产品。

何把握更大设计的整体一致性，并将自己的原创作品作为其组成部分的人，才是积极合作建设的成熟人选。所谓的“艺术家的自由”并不意味着对各种不同的技术和媒体的无限掌控，而只是意味着他能够在任何一种技术和媒体所强加的预定限制内自由设计。即使在今天，对位法对音乐作曲家来说也是必不可少的。现在,这是每一种艺术以前拥有但所有其他艺术都失去了理论基础的孤立例子:事实上，设计师必须自己重新发掘一些东西。但是，尽管理论之于艺术来说不是一种毫无意义的既定公式，但它无疑仍是团队设计最重要的先决条件。因为理论代表了连续几代人非个人的经验积累，它提供了一个坚实的基础，在这个基础上，坚定的同事们可以比单个艺术家更能体现出创造性的团结。因此，包豪斯必须为整个设计领域沿着这条路线进行最终重组奠定基础，否则其最终目标将无法实现。

我们的合作目标不仅仅是汇集知识和人才。一座由一个人设计、由一些纯粹的执行人员建造的建筑，除了表面上的合作之外，别无其他希望。我们的理念是，每个合作者为共同任务所做的贡献应该是他自己设计并制作的。在这种合作中，必须保持形式上的统一，而这只能通过反复重申主题在每个组成部分中占

图13　工人阶级住宅，前方是与之配套的商店，德绍，1928年。

主导地位的比例来实现。因此，每个合作者都需要清楚且全面地认识设计方案，并清楚采用该方案的原因所在。

结构课程

正如已经指出的那样，只有完全合格的学徒才被认为是足够熟练的，可以参与合作建设；只有他们中的佼佼者才会被我们的研究站和附属的设计工作室接纳。这些被选中的少数人还可以参加不同的工作室，以便深入了解他们自己以外的技术分支。虽然为他们的合作工作开展的实践课程总是在实际建筑工地的脚手架上进行，但其性质因包豪斯签署的合同所提供的机会而异。这使他们能够学习建筑实践范围内的所有事物的相关性的同时获得回报。就目前而言，我们的课程并没有为更专业的工程分支（如钢铁和混凝土施工、供暖、管道等）或高等力学、机械学和物理学提供理论方面的期末课程，通常是让最有前途的建筑学学生去参加各种技术学院的补充课程来完成学业。原则上，鼓励每个学徒在完成培训后到工厂工作一段时间，以熟悉机械设备并获得商业经验。

对于学生而言，最重要的是卓有成效的合作对新建筑的目标产生完全理解。

在过去的两三代建筑中，建筑退化为一种华丽的唯美主义，它既柔弱又多愁善感，其中建筑艺术成为在杂乱无章的装饰下精心隐藏结构真实性的代名词。由于对学院的陈规旧习感到困惑，建筑师与技术发展的快速进步失去了联系，让我们的城镇规划竟忽略了它们。他们的“建筑风格”是包豪斯坚决反对的。现代建筑的意义应该完全来自其有机比例所焕发的活力和结果。它必须是真实的，逻辑上透明的，没有谎言或烦琐，也适合我们当代的机械化和快速转变的世界。现代建筑方法产生的日益大胆的轻盈，消除了与坚固的墙壁和巨大的砌体基础密不可分的沉重感。随着它的消失，对轴对称空心假象的旧痴迷正在取代自由不对称所产生的平衡形式。

基于这些原则的空间、材料成本、工业和（建筑）

结构之间的直接关联必将制约我们城镇的未来规划。因此，每个渴望成为建设者的人的首要责任是掌握新建筑的意义，并认识到决定其特征的因素：通过对重复使用的某些基本形式，实现多样性的简洁；以及根据建筑物的性质及其所面对的街道的性质对建筑物进行划分。

这既是我们结构教学一开始的内容，也是整个包豪斯教学的最终目的。任何学生只要能证明自己完全吸收了全部知识，并表现出足够的技术熟练程度，就可以获得建筑师文凭。

我们在实践中宣扬的是，所有形式的创造性工作是平等的，没有高低贵贱之分，并且它们在现代世界中相互依赖。我们想帮助造型艺术家恢复设计和制作合而为一的美好感觉，让他觉得画板只是制造欢乐的前奏而已。建筑将体力劳动者和脑力劳动者结合在一起，共同完成一项任务。因此，所有人——艺术家和工匠——都应该接受培训；由于实验性工作和生产性工作具有同等的重要性，因此培训的基础内容应该足够广泛，以给每种人才平等的机会。由于各种各样的才能在没有得到表现之前是无法辨别的，个人必须能够在自己的发展过程中发现自己适合的领域。自然，绝大多数人将被建筑行业、工业等吸收，但总会有一小部分才华出众的人，如果限制他们的理想和抱负，那将是愚蠢的。一旦这些精英完成了所有课程，他们就可以自由地专注于个人创作、当代问题，或者不可估量的思辨性研究。这些研究的价值就是被股票经纪人称为“期货”的价值。由于所有这些有头脑的人都曾在工厂里工作过，他们不仅知道如何使工业采用他们的改进和发明，而且知道如何使机器成为他们思想的载体。这样的人才一定会受到热烈追捧。

包豪斯认为自己肩负着双重道德责任：让学生充分意识到他们所处的时代；并训练他们在设计时，将他们的天赋和所获得的知识转化为实际用途，这也是这种意识的直接表达。

随着我们与主流思想斗争的不断进行，包豪斯在从各个角度把握设计问题并制订周期性成果的过程中，明确了自己的目标。我们的指导原则是，艺术设计既不是智力上的，也不是物质上的，只是生活中不可或缺的一部分。此外，正如工业机械化为设计的实现提供了新的工具一样，美学革命给了我们对设计意义的新见解。我们的目标是唤醒这类创造性艺术家，使其摆脱世俗，重新融入现实的日常世界；同时，也将商人的僵化的、唯利是图的思维转变。因此，我们关于“所有设计与生活的基本统一性”的富有启发性的概念与

图14　德绍职业介绍所，1929年。（上）申请人的入口。（下）内部视图。

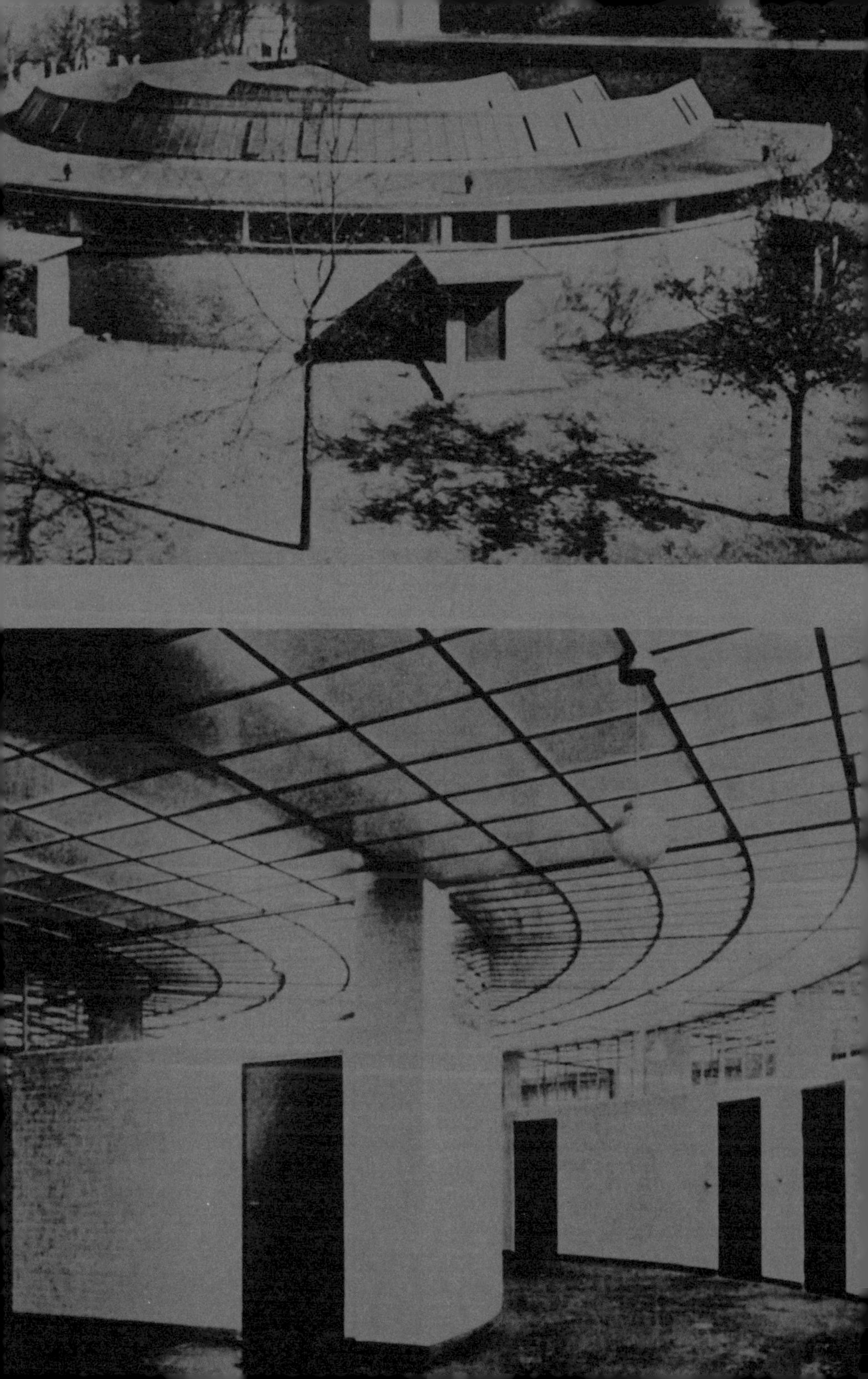

“为了艺术而艺术”的概念截然相反，而且它源于更危险的哲学根源：商业本身就是目的。

这解释了我们（绝不是唯一的）为什么要专注于技术产品的设计，以及它们的制造过程的系统化工业流程；这也导致了一个错误的看法，即包豪斯将自己树立为理性主义的典范。然而，在现实中，我们更专注于探索形式和技术的共同领域，并厘清它们的不同之处。生活的实用机器的标准化并不意味着个人的机器人化。相反，它的存在意味着为他减轻许多不必要的沉重负担，以便他能更自由地在更高的层次上发展。高效运转的机器本身当然不能构成目的，但它至少是个人获得最大限度的自由和独立的起点。知识经济自然比物质经济需要更长的时间来完善，因为它需要更多的知识和思想自律。在这里，在文明和文化的交会点，人们更清楚地看到了一件普通的商业产品和一件艺术作品之间的根本区别，前者是一个善于计算的大脑的卑微产出，后者是威廉·布莱克所说的“精神斗争”的成果。诚然，一件艺术作品仍然是一种技术产品，但它也有一个需要实现的思想目的，这只有激情和想象力才能实现。

包豪斯教学注重实践的方式解释了为什么尽管合作者多种多样，但其作品的特点基本一致。这是一种

图15　为大规模生产而设计的铜板房屋，1932年。（上）一个完整的五个房间的房子装载在一辆卡车上，运往工地。（中）墙体的干组装。（下）完成的房子。

共同的知识观发展的结果，它取代了工艺美术运动所理解的旧的形式美学概念。

但我们也必须在另一个方向上坚持自己的立场：反对那些试图将每一个去除了装饰物的建筑和物品都视为“包豪斯风格”的例子；模仿者们把我们的基本戒律变成了时髦的琐事。包豪斯的目标不是传播任何“风格”、制度、教条、公式或时尚，而只是努力让设计焕发活力。我们的教学并没有建立在任何形式观念的先入为主上，而是在生命不断变化的形式背后寻找精神的火花。包豪斯学院是世界上第一个敢于将这一原则明确纳入教纲的学校。为了推进其理想事业，保持这种想象力和现实融合在一起的社会精神的活力和警觉，它必须承担起领导责任。“包豪斯风格”是对失败的坦白，是对被我称为对抗的停滞和毁灭性惰性的回归。

1925年，包豪斯学院迁往德绍，这一举动与包豪斯学院组织结构的重要变化不约而同。每个工坊由一名设计教师和一名实践课程教师双重引导的方式被一名师傅所取代。事实上，正如人们所希望的那样，在训练第一代的过程中，他们各自领域的融合已经自动实现了。五个包豪斯老学生被选为新工坊的负责人[1]。

为了从魏玛迁移过来，德绍市议会委托我设计了

1　即使在包豪斯搬到德绍之后，也只能依靠一笔相对较少的收入来维持，即由市政当局每年投票出的拨款。其中包括教师的工资等，大约有24名，以及180 ~ 200名学生。总拨款约为10万马克。然而，除此之外，德绍还必须因新建建筑、新购设备所产生的利息和逐年递减的费用，这大约花费了85万马克。我们授予各种公司大量生产包豪斯模型（家具、地毯、纺织品、瓷器、电灯配件等）的特许权使用费是学院收入的其他来源，随着时间的推移，这些收入稳步增长。
我希望学费保持在很低的水平，并为有才华但贫穷的学生提供尽可能多的免费教育，这一愿望得到了市政当局的正式支持。我还会为学生在包豪斯学院的任何作品支付报酬，只要这些作品被证明是有销量的：这种安排确保了他们中的许多人在三年的培训过程中获得了（必然非常拮据的）收入。

图16　一组十层高的住宅楼宇工程项目：（上）楼栋间隔较宽。（下）计划沿河岸或湖岸建造。

一组综合性的建筑:一个新的、特别的包豪斯校舍(图6、图7和图8),一个职业介绍所(图14)和一个住宅区(图11)。我带着全校师生积极配合,完成了建设和装配。在实际的建造过程中,尝试协调几个不同的设计分支的严酷考验被证明完全成功;这是不受任何偏见影响的自主的组成部分。相反,把学校变成建筑工地对学生个人的影响是,由于现在有了落在他身上的直接责任,他的道德地位提高了。在我曾经梦想的共同意志和目标的鼓舞下,一群工友已经成为现实和榜样,让外界不能不感到他们的存在。在此后的一段时间里,国内外多所艺术院校和技术学院都采用了包豪斯的课程模式。德国工业开始大量生产包豪斯模型,并在新模型的设计上寻求我们的合作。许多以前的包豪斯学生由于他们的全面训练而在公司获得了显赫的职位;其他人被任命到国外学院担任教师职务。简而言之,包豪斯学派的思想目标已经完全实现。

1928年,当我觉得包豪斯的稳定和未来有了保证时,我把学校的管理工作交给了我的继任者。我回到柏林执业,在那里我可以把更多的时间花在住宅的社会学和结构方面的问题上。

作为德国经济建筑和住宅研究学会的副主席之一,我自然接触到了一些实际问题,这些问题正是包豪斯关注的问题。德国联邦政府在推动柏林郊区一大片建筑用地的规划和开发方面发挥了重要作用，为此还专门举办了竞赛。在那场竞赛（大多数德国建筑师都参加了）中，就像在卡尔斯鲁厄的另一场规模类似的住宅设计比赛中一样，我的设计获得了一等奖。卡尔斯鲁厄还委托我作为总建筑师，负责默斯托克住宅项目。

还有一些其他住宅计划也委托给了我，尤其是柏林西门子城工业区（图11和图12）。但在所有这些有趣的工作中，最吸引我的问题是，为社区中收入最低的那部分人提供栖息之所；为中产阶级的家庭提供基本设施齐全的独立单元；以及每一幢建筑在逻辑上应该采用什么样的结构形式——是多层建筑的一部分，是中等高度建筑中的一间公寓，还是一间独立的小房子。在这之外，整个城市作为一个有计划的有机体的理性形态又隐约出现了。

我认为建筑师是一名协调员，其职责是将建筑中出现的各种形式、技术、社会和经济问题统一起来，这不可避免地使我从研究房屋功能逐步过渡到研究街道功能；从街道到城镇；最后是更广泛的区域和国家规划。

我相信，新建筑注定要走向一个比当今建筑手段更全面的领域；通过对其细节的研究，我们将朝着更广泛、更深刻的设计概念前进，设计是一个伟大的同源整体——反映生命本身的不可分割性、无限性和内在统一性，生命本身是生命的一个组成部分。似乎对机器的掌握，对空间的征服，以及为新建筑形式寻找基本共性的开创性工作，几乎耗尽了这一代建筑师的创造力。下一代建筑师将完成对这些形式的改良，并将其普及。

但我必须先回到城市规划，这是所有问题中最棘手的问题。

我们的交通工具迅速增多，以及随后作为距离因素的旧的时间系数的重新调整，已经开始打破城乡之间的边界。现代社会的男女既需要娱乐和刺激，也需要休闲。城镇居民对乡村的怀旧和乡下人对城镇的向往，表达了一种根深蒂固、与日俱增的渴望，渴望得到满足。技术发展正在将城市文明移植到农村，并在城市中心重新适应自然。现在对更宽敞、更绿色、更阳光的城市的需求变得越来越迫切。其必然结果是，通过提供适当协调的交通服务，将住宅区与工业区和商业区分开。因此，现代城市规划师的目标应该是使城乡关系越来越密切。

对于大多数人的理想居住形式，人们的意见仍然分歧很大：在结构上有花园的独立房屋、中等高度的公寓楼（2～5层）或8～12层的高层建筑。

市民在选择住宅时的决定性考虑因素是实用性。这种效用取决于他的职业性质、收入水平和个人品位。对于大多数人来说，独立的房子自然是一座宏大城市荒野中最受欢迎的避难所。它具有更大的隐蔽性，能给人完全占有的感觉，而且能与之直接交流的花园是每个人都能欣赏的资产。尽管如此，公寓楼却是我们这个时代需求的真实体现，但我们不应该让它在目前的发展阶段听天由命，把它纯粹视为一种必要的邪恶。我们绝不能让它的明显缺陷阻碍我们重新考虑它的实际可能性。

由于现有的3～5层类型的房屋几乎没有什么优势，所以这些房屋名声不佳。街区之间的间隔通常太窄，这导致周围花园（如果有）的面积与间隔一样不足。当认真规划的8～12层取代3～5层的砌块时，这些缺陷消失了。这类住宅满足所有关于光线、空气、宁静和快速出口的要求；除此之外，还提供更多独栋住宅几乎不可能提供的便利。与其从一楼的窗户望向空白的墙壁，或进入狭窄、没有阳光的庭院，他们可以在广阔的草地和树木上看到清晰的天空，这些草地和树木将街区分隔开来，成为孩子们的游乐场。因此，可以在街道的石头荒漠中创造一片绿洲。在这些高楼的平屋顶上布置着花园，因“公寓”这个令人不快的名字所引发的最后一次恐惧将永远被驱逐。作为一个绿色城市的居民，他们会发现与大自然的接触不再意味着偶尔的周日郊游，而其将成为人们日常生活的一部分。

在德国，被称为“Flachbau”（低层建筑）的住宅形式在结构上是与自己的花园相分离，因为如果Flachbau发展，结果将是城镇的瓦解，从而形成对立。我们的目标应该是一个更松弛的布局，而不是一个更杂乱的。水平和垂直住宅，Flachbau和Hochbau（高层建筑），应该并肩发展。我们应该将前者限制在建筑密度较低的郊区，而后者限制在人口稠密的中心地区（这里的需求已经确定），以8～12层楼的形式，提供所有常见的公共便利设施。中层建筑（Mittel-bau）既没有小房子的优势，也没有高层公寓的优势。因此，放弃这种类型显然是朝着正确方向迈出了一步。

现代国际建筑大会第三届会议通过了一项决议，敦促所有国家从社会学和经济学的角度对高层公寓进行调查，因为关于其实际适用性的数据很少。

矩形建筑场地的发展示意图，不同高度的钢筋混凝土砌块平行排列。
在上面的两个对比图中，尽管各区块之间的间隔

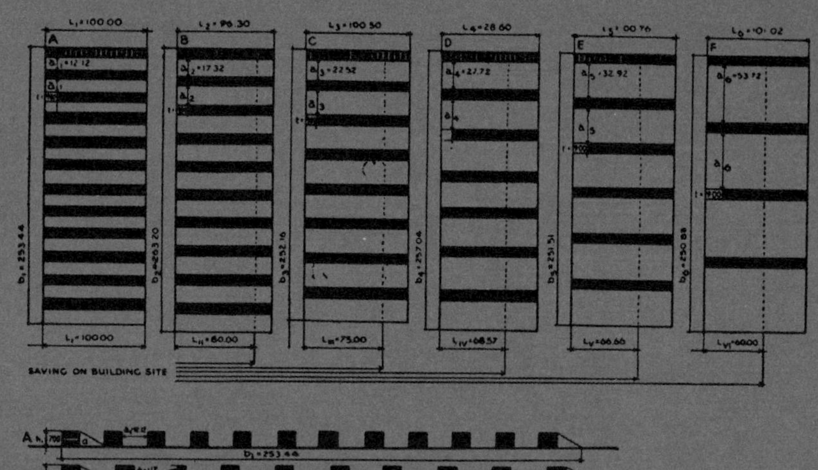
A
B
C
D
E
F
SAVING ON BUILDING SITE

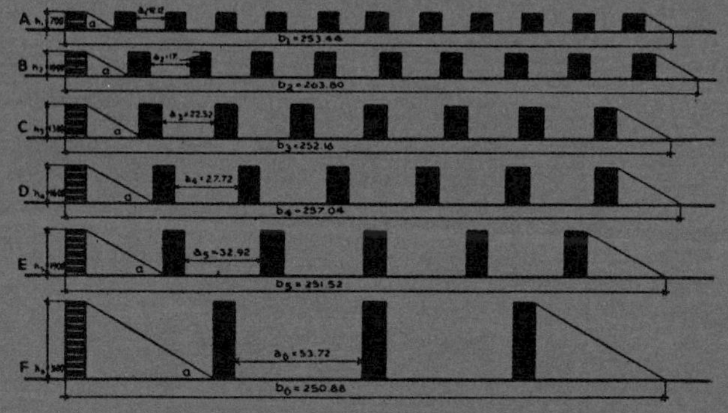
A
B
C
D
E
F
b1 = 253.44
b2 = 263.80
a3 = 22.52
b3 = 252.16
a4 = 27.72
b4 = 257.04
a5 = 32.92
b5 = 251.52
a6 = 53.72
b6 = 250.88

因楼层数而异（分别为2、3、4、5、6和10层），但在每种情况下楼间距都已固定，以便为从一个区块的地面线到其旁边的屋顶女儿墙提供相同的光照角度（30度）。

结果：在光线角度相同的情况下，床的数量（计算每张床45平方英尺的生活空间）。居民数随着楼层数的增加而增加；10个3层楼的1200个床位，4个10层楼的1700个床位。

另一页上的两个对比图说明了不同高度（分别为2层、3层、4层、5层、6层和10层）的地块如何在面积相等的场地上提供相同数量的居住空间（每人160平方英尺）。因此，人口密度保持不变。

结果：随着楼层数的增加，街区之间的光照角度减小。因此，较高的街区享有更好的间隔，并通过为每个居民提供更大比例的绿地，确保更合理地利用土地面积。例如，虽然3层楼房之间的间隔大约是其高度的两倍，但10层楼房的间隔几乎是其高度的3倍；居民人均绿化面积的相应比例从前者的约135平方英尺上升到后者的约250平方英尺。

意义：限制人口密度的现行立法已经过时了，因

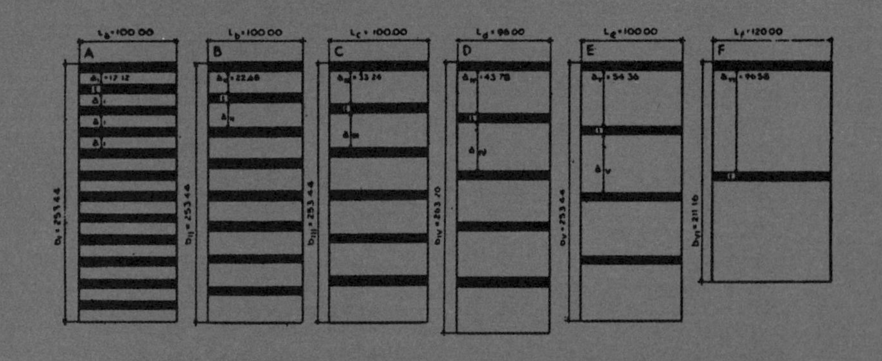

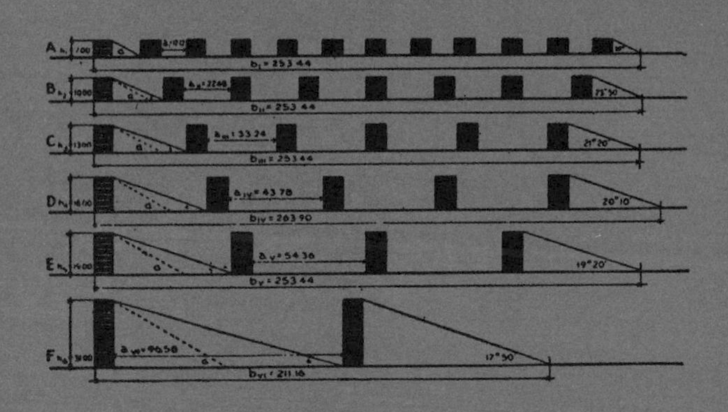

为它限制了建筑物的最高高度。我们需要新的法律来限制人口密度，限制每英亩建筑用地的最大建筑面积，但需要废除现有的对建筑物高度的限制。

10～12层的公寓使“城市青翠”的理想成为现实可能。

我们怎样才能克服我们城市建筑的缺陷——缺乏光线和空气、噪声大、空间不足？如果为了保持从一个商业中心到另一个商业中心的最小距离，城市将被限制在最小的表面区域，那么只有一个合理的解决方案来确保更好的光线和空气，并且——听起来可能有些矛盾——增加生活空间：增加楼层。让我们假设已经决定在南北对角线上建造独立式公寓楼，场地尺寸约为300英尺x 750英尺。现在，如果我们比较2～3层或3～5层建筑和10层建筑在空间利用和光照方面的可能性，可以得出以下令人惊讶的结果：

（1）如果两个街区之间的光线角度相等（比如30度），可用面积的数量会随着楼层的增加而增加。与2层楼相比，10层楼的可利用表面积增加了60％以上；尽管它们享受同样多的阳光和空气。

（2）如果我们将建筑用地的利用转化为经济条

件；也就是说，如果假设每个区块的光照角度相等，我们在它们之间划分相同的占地面积，我们会发现能节省大约40%。尽管10层楼和2层楼的光线和空气量相同，但还是再次出现了10层楼与2层楼的对比。

（3）然而，如果我们纯粹根据光和空气来估算利用率，也就是说，如果我们既不减少建筑用地的数量，也不增加可利用的表面积，我们会发现2层楼的街区之间的光线角度从30度下降到10层楼的17.50度。换言之，因为街区之间的间隔几乎是2层建筑的10倍，从而获得了更充足的日照，以及采光和通风的巨大优势，而没有任何相应的实际缺陷。街区之间为停车场提供了宝贵的空间，商店可以沿着其后方以及前方的立面修建。

因此，很明显，法规规定的高度限制是一种不合理的限制，阻碍了设计的发展。当然，限制每英亩住宅的数量是非常必要的保障措施，但这与相关建筑的高度无关。通过减少最大占地面积或总立方体积，可以更有效地解决过度拥挤问题。这是我们首先应该争取的！如果系统地应用刚才引用的数据，将有可能改善商业区的照明和通风，大规模拓宽街道（从而减少噪声）；但却大大增加了可用的建筑面积。在欧洲城市采用摩天大楼建筑的反复争论中，美国条件的特殊性已成为双方转移注意力的地方。纽约和芝加哥的摩天大楼区是一种没有规划的混乱，这本身并不能反驳多层写字楼的权宜之计。这个问题只能通过控制与交通设施相关的建筑密度，以及遏制土地买卖投机的可恶之处来解决：这是在美国明显被忽视的基本预防措施。我们有一个不可估量的优势，那就是在对所涉及的问题有更真实的理解的情况下开创我们自己的向上建设时代。这种形式的建设在欧洲已经不可避免，这就更有理由为此做好充分准备。纽约为缺乏远见和不允许的事情提供了完美的警示：在地面到15层之间全天依赖人造光，得投入数亿美元来修建地铁，因为它们修建得太晚。只有实际经验才能决定欧洲办公大楼最合适的平均高度，但经过结构和财务计算，似乎表明11层的类型可能被证明是最好的。

城镇——既是社会集体生活的体现，又是实际组织的象征——为我们提供了革新冲动产生的线索，从而导致了新建筑的出现。对现有城市条件的严格审查开始使人们对其成因有了新的认识：人们认识到，我们城市目前的困境是由于各种机能性疾病以惊人的发展速度造成的，所有衰老的身体都要受到这种疾病的影响，这是自然规律；这些疾病迫切需要大型的手术治疗。然而，近年来最重要的城市规划者国际大会却以无力地耸耸肩而告终，因为与会的专家不得不承认，他们得不到足够的公众支持，无法采取必要的补救措施。我们唯一能做的，就是知道我们在这件事上别无选择。一旦准确地诊断出造成我们城镇混乱无序的邪恶因素，并证明了它们的地方性特征，我们就必须看到它们被永久根除。显然，与新建筑相对应的新思维方式已经渗透的地方，才是传播新建筑最有利的环境。只有在聪明的专业人士和热心公益的圈子里，我们才有希望唤起一种决心，结束我们城镇中有害的无序状态。我们已经掌握了将这一决心付诸实际的技术手段。如果我们的公民心态足够成熟，能够认识到这一点，那么我们现在可能正在从中获益。

综上所述:一个繁荣的现代建筑学派的基础取决于成功地解决一系列密切相关的问题——国家规划的主要问题，如重新调整工农业关系、合理的经济、在地缘政治原则上的人口再分配;重新定位城市规划，通过改变农村和城市区域逐步放松城市紧密交织的街道组织，更有机地连接居住和工作区域及其教育和娱乐中心;最后，我们发现了理想的建筑类型。新架构的知识基础已经建立。打个比方，对其组成部分的基准测试现在已经完成。仍然有一项任务是向社会灌输新建筑的意义及其基本的正确性。这项任务将移交给新的一代。

任何一个探索过我称之为“新建筑”运动根源的人，都不可能同意这样的说法：它是基于对机械技术的反传统迷恋，这种迷恋纯粹是机械技术，它盲目地寻求破坏所有更深层次的民族忠诚，注定要导致纯粹唯物主义的神化。所有用以约束肆意妄为的法则，都是经过一系列最透彻和最谨慎的研究所取得的成果。在这些方面，我很自豪地参与其中。我可以补充一句，我出生于一个普鲁士建筑师家族，在这个家族中，辛克尔（Schinkel）的传统——与众所周知的索恩（Soane）同时代——是我们遗产的一部分。这本身有助于证明我所说的新建筑的概念，在任何意义上都不反对所谓的“传统”。“尊重传统”并不意味着自满地容忍那些已经成为偶然的机会或个人的怪癖，也不意味着接受过去美学形式的支配。它意味着，而且一直意味着，在努力获得所有材料和每一种技术背后的东西的过程中，通过对一种材料和每一种技术的巧妙帮助，赋予其表面特征，从而保留其本质。

新建筑在伦理上的必要性已不容置疑。而这一点的证据——如果还需要证据的话——就是所有国家的年轻人都因这份激情而被点燃了。

图书在版编目（CIP）数据

格罗皮乌斯论新建筑与包豪斯 /（德）瓦尔特·格罗皮乌斯（Walter Gropius）著；王蕾译 -- 重庆：重庆大学出版社，2023.3

（包豪斯经典译丛）

书名原文：The New Architecture & The Bauhaus

ISBN 978-7-5689-3666-8

Ⅰ. ①格… Ⅱ. ①瓦…②王… Ⅲ. ①建筑学 Ⅳ. ①TU-0

中国版本图书馆CIP数据核字(2022)第252126号

格罗皮乌斯论新建筑与包豪斯

GELUOPIWUSI LUN XINJIANZHU YU BAOHAOSI

[德]瓦尔特·格罗皮乌斯　著

王蕾　译

责任编辑：李佳熙　　书籍设计：M°°° Design

责任校对：关德强　　责任印制：张　策

重庆大学出版社出版发行

出版人：饶帮华

社址：（401331）重庆市沙坪坝区大学城西路21号

网址：http://www.cqup.com.cn

印刷：天津图文方嘉印刷有限公司

开本：890mm × 1240mm　1/32　印张：3　字数：51千

2023年3月第1版　　2023年3月第1次印刷

ISBN978-7-5689-3666-8　　定价：38.00元